# MÉMOIRE

SUR

## LE CALCUL DES LONGITUDES

ET DES LATITUDES,

D'APRÈS LES DISTANCES A LA MÉRIDIENNE

ET A LA PERPENDICULAIRE;

ET

SUR LE CALCUL INVERSE

Par M<sup>R</sup>. DE PRONY,

Membre de l'Institut des Sciences, Lettres et Arts de France.

———

A PARIS.

DCCC.VI.

DE L'IMPRIMERIE DE L'ÉCOLE IMPÉRIALE DES PONTS ET CHAUSSÉES.

Soit $\dfrac{a}{b} = \dfrac{335}{334}$ ou $\dfrac{a-b}{a} = \dfrac{1}{335}$.

On aura : $\dfrac{a^2 - b^2}{a^2} = e^2 = 0,0059 6,239$.

$$a = 327 1 210,8. \qquad \text{Log } a = 6.5147085$$
$$b = 326 1 437,5. \qquad \text{Log } b = 6.5134091$$
$$e = 0,07720 9058. \qquad \text{Log } e = 8.8876668$$
$$e^2 = 0,0059 6,239. \qquad \text{Log } e^2 = 7.7753337.$$
$$\left(\dfrac{e^2}{1-e^2}\right) = 0,0059 94278.. \quad \text{Log}\left(\dfrac{e^2}{1-e^2}\right) = 7.7777369.$$

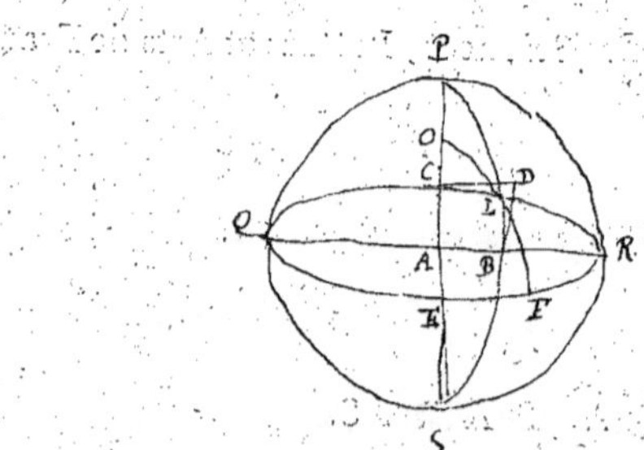

# MEMOIRE

Sur le calcul des longitudes et des latitudes, d'après les distances à la méridienne et à la perpendiculaire, et sur le calcul inverse.

(1) La construction d'une carte du cours du Pô, dont je me suis occupé depuis mon retour d'Italie, m'a mis dans la nécessité de déterminer les positions de plusieurs points situés dans le voisinage des Alpes, d'après leurs distances à la méridienne et à la perpendiculaire de Paris; j'ai fait, à cette occasion, un examen des théories qui servent de base aux calculs de ces positions dont voici quelques résultats qu'on a jugé utiles.

## § I.

*Nouvelles formules pour le cas où la terre est supposée sphérique.*

(2) En faisant d'abord abstraction de l'applatissement, le calcul des longitudes et des latitudes par les distances à la méridienne et à la perpendiculaire se réduit à celui de l'angle au pôle et de l'hypothénuse d'un triangle sphérique rectangle dont on connaît les deux cotés adjacents à l'angle droit ; soient pour un point dont la longitude et la latitude sont à déterminer par ces données, et que je désignerai par point $V$,

Distances, exprimées en mètres, du point $V$ {
à la méridienne passant par l'observatoire de Paris . . . . . . . . . . . . . . . . . . . . . . $= y = AE$

à la perpendiculaire de l'observatoire, distance mesurée sur le méridien de cet observatoire à partir du pied de la perpendiculaire au même méridien qui passe par le point $V$ . . . . . . . . . . . . . . . . . . . $= x = AD$

Latitudes exprimées { de l'observatoire de Paris . . . . . . . . . . $= K = BD$
en *grades* ou 100èmes. { du pied de la perpendiculaire abbaissée
parties du quart de { du point $Y$ sur le méridien de Paris . . . $= L = AB$
cercle. { du point $Y$ . . . . . . . . . . . . . . . $= \lambda = EF$

Valeur angulaire, en *grades*, de la perpendiculaire abbaissée
du point $Y$ sur le méridien de Paris . . . . . . . . . . . . $= P = AE$
Longitude de ce point, le premier méridien étant celui de
Paris . . . . . . . . . . . . . . . . . . . . . . . . . . . . . $= p = BOF$
(3) on a d'abord

$$P = \frac{y}{100000} \;;\; L = K \pm \frac{x}{100000}$$

{ Les lignes $+$ et $-$ servent respectivement, pour les cas où le point $Y$ est au nord ou au midi de la perpendiculaire passant par l'observatoire.

et on déterminera la longitude $p$ par l'équation connue

$$\tan p = \frac{\tan P}{\cos L} \qquad (1)$$

(4) Les cas pratiques, auxquels cette formule s'applique ordinairement, ne comportent qu'une petite valeur de $p$, ensorte que, pour la détermination de la latitude, on aurait à calculer, dans un triangle sphérique rectangle, l'hypothénuse $100^{gr} - \lambda$, adjacente à l'angle $p$ avec le coté $100^{gr} - L$ dont cette hypothénuse diffère très-peu ; la petitesse de cette différence est un inconvénient dans l'usage des formules habituelles de la trigonométrie sphérique, qu'on évitera en calculant, par la formule suivante, l'excès de $100^{gr} - \lambda$ sur $100^{gr} - L$, au lieu de la valeur absolue de $100^{grades} - \lambda$.

$$\sin (L - \lambda) = \sin L \, \sin P \, \tan \left(\frac{P}{2}\right) \quad . \; . \; . \; . \; . \; . \; . \; . \; . \; . \; . \; . \; (a)$$

et cette formule n'est point une approximation, mais jouit de l'avantage d'être rigoureusement applicable à une valeur quelconque de l'angle $p$ au pôle ; j'en supprime la démonstration pour abréger, on la trouvera fort aisément.

(5). Si on veut résoudre le problème inverse, c'est-à-dire, calculer les distances $x$ et $y$ à la perpendiculaire et à la méridienne par la lati-

---

*Notes manuscrites (marges) :*

$CE = Q$
$Q = \dfrac{\lambda}{100000}$

$AD = x$
$AE = y \qquad CE = z$

$D.$ Saron
$E.$ Point $Y$
$O.$ Pôle de l'équateur

$$\sin x = \frac{\sin Q}{\cos y}$$

Soit $AEo = \alpha$

$$\cos(\lambda + P) = \cos L \, \cos P \, \tan \tfrac{1}{2}\alpha$$
$$\cos(\lambda + P) = \cot L \, \sin \lambda \, \tan \tfrac{1}{2}\alpha$$

$$\sin(L + K) = \frac{\sin Q}{\tan P}$$

$AE =$ distance à la méridienne du lieu $D = y$ }
$AD =$ distance à la perpendiculaire du lieu $D = x$ } Édition Prony
$CE =$ distance à la perpendiculaire $= z$

tude $\lambda$ et la longitude $p$, supposées connues, on aura d'abord $P$ par l'équation

$$(1) \quad \sin. P = \cos. \lambda \sin. p \quad \ldots\ldots\ldots\ldots (a)$$

et la quantité à ajouter à $\lambda$ pour avoir $L$ se déduira de l'équation

$$\sin. (L - \lambda) = \text{tang.}\, P \sin. \lambda \,\text{tang.}\, \left(\frac{p}{2}\right) \ldots\ldots\ldots\ldots (b)$$

dont la forme ne diffère de son analogue ci-dessus, que par le changement de sin. $P$ en tang. $P$. (*)

Ensuite ($P$ et $L$ étant exprimées en grades et fractions décimales de grades) on aura

mètres.  $\qquad\qquad$ mètres.

$$y = 100000 \cdot P; \quad x = 100000 \cdot (\pm L \mp K)$$

$\Big\}$ Les signes supérieurs et inférieurs ont lieu respectivement lorsque le point $Y$ est au nord ou au midi de la perpendiculaire de l'observatoire.

(6). Les formules ($a$) et ($b$) me paraissent nouvelles, elles ont dans la trigonométrie rectiligne leurs analogues qui peuvent être utiles pour quelques calculs géodésiques relatifs au nivellement, à la réduction à l'horison des longueurs des lignes inclinées etc. Voici ces analogues.

$h$ étant l'hypothénuse d'un triangle rectangle, dont $a$ et $b$ sont les deux autres cotés respectivement opposés aux angles $A$ et $B$, on a

$$h - a = b \,\text{tang.}\, \left(\frac{B}{2}\right) ; \quad h - b = a \,\text{tang.}\, \left(\frac{A}{2}\right)$$

---

(*) Faisant abstraction de l'application des formules ($a$) et ($b$) au globe terrestre, on a en général, $\eta$ étant l'hypothénuse d'un triangle sphérique rectangle dont $a$ et $b$ sont les deux autres cotés opposés aux angles $a$ et $b$,

$$\sin. (\eta - a) = \sin. b \cos. a \,\text{tang.}\, \frac{b}{2} = \text{tang.}\, b \cos. \eta \,\text{tang.}\, \frac{b}{2}$$

$$\sin. (\eta - b) = \sin. a \cos. b \,\text{tang.}\, \frac{a}{2} = \text{tang.}\, a \cos. \eta \,\text{tang.}\, \frac{a}{2}$$

## § II.

Méthode pour avoir égard à la figure ellipsoïde de la terre, dans les calculs géodésiques, en conservant, autant qu'il est possible, les avantages de simplicité et de facilité que procure l'hypothèse de la sphéricité.

(7) M. Duséjour a donné des méthodes ingénieuses pour avoir égard à la figure ellipsoïde de la terre, dans les calculs géodésiques; M. Delambre a publié, sur toutes les questions que cette matière comporte, un ouvrage complet, et M. Legendre les a traitées dans un mémoire inséré parmi ceux de l'académie des sciences, année 1787. Les méthodes de ces savants auteurs, dignes de la célébrité dont ils jouissent, se trouvent exposées dans un nouveau traité de géodésie de M. Puissant dont on ne saurait trop recommander l'étude aux jeunes ingénieurs géographes.

Clairaut s'était occupé des mêmes questions, il y a plus de soixante ans (mémoires de l'académie des sciences de Paris années 1733 et 1739) et entr'autres moyens de les résoudre, il avait employé celui de substituer à la perpendiculaire, considérée comme la plus courte distance entre ses points extrèmes, l'arc de la section elliptique faite par un plan normal perpendiculaire au méridien, après avoir prouvé que dans une étendue en longitude équivalente à 8 ou 10 grades de chaque coté du méridien, l'arc elliptique et la perpendiculaire rigoureuse s'écartent assez peu l'un de l'autre pour qu'on puisse négliger les erreurs provenantes de cet écart.

Cette manière d'envisager la question me paraît susceptible d'une exposition élégante et d'une application simple et utile, en y appliquant la théorie des rayons osculateurs de plus grande et de plus petite courbure des surfaces courbes, théorie qui n'était pas connue du temps de Clairaut et qui n'a été publiée par Euler qu'en 1760, dans les recueils de l'académie de Berlin.

Je pourrai proposer au bureau quelques vues, sur ce sujet, qui seront l'objet d'un mémoire particulier, et je me bornerai, dans celui-ci, à donner, d'après la considération des rayons de plus grande et de plus petite courbure, un moyen d'avoir égard à l'applatissement, dans les calculs géodésiques que j'ai particulièrement en vue, sans rien perdre sensiblement des avantages de simplicité et de facilité que procure l'hypothèse sphérique,

$$\sin BE' = \frac{\tan AE'}{\cos AB} \qquad\qquad \sin AE' = \cos EE' \sin BE'$$

$$\sin AD = \frac{\sin CE'}{\cos AE} \qquad\qquad \sin AB = \frac{\sin EF}{\cos AE'}$$

$$\sin EE' = \cos AE' \sin AB \qquad\qquad \sin CE' = \cos AE' \sin AD$$

$$\sin BF = \frac{\sin AE'}{\cos EE'} \qquad\qquad \tan AE' = \cos AB \, \tan BE'$$

$$\sin AD = \frac{\sin CE'}{\sin AE'} \qquad\qquad \tan AB = \frac{\tan EF}{\cos BF}$$

$$\sin EE' = \cos AE' \sin AB \qquad\qquad \sin CE' = \cos AE' \sin AD$$

$$AB = AD + BD$$

$$\cos CEQ = \sin AD \sin CD = \tan AE \tan CE = \sin CEG$$

$$\tan CE = \cos CD \tan AD \dots$$

$$\tan AE = \cos AD \tan CD \dots$$

( 7 )

Soient, en conservant d'ailleurs la notation de l'art. ( 2 )

le rayon de l'équateur = . . . . . . . . . . . . . . . . . . . . . a

le demi petit axe = . . . . . . . . . . . . . . . . . . . . . . . b

l'applatissement $1 - \dfrac{b}{a} = \dfrac{1}{334} = 1 - (1 - e^2)^{\frac{1}{2}} =$ . . . . . . . a

le quarré de l'excentricité $1 - \dfrac{b^2}{a^2} = 0{,}005979 =$ . . . . . . . $e^2$

*Nota.* a et *b* étant exprimés en mètres, on a

     log. a = 6,804530508 ;   log. *b* = 6,803228305

la latitude d'un point quelconque de la surface de l'ellipsoïde

terrestre = . . . . . . . . . . . . . . . . . . . . . . . . . $\phi$

le rayon de plus grande courbure à ce point = . . . . . . . . . . $r$

le rayon de plus petite courbure au même point = . . . . . . . . $r'$

l'angle que forme une section normale quelconque avec la sec-

tion de plus petite courbure = . . . . . . . . . . . . . . . . . $x$

*Nota.* r et $r'$ sont, respectivement, le rayon de courbure du méridien,

à la latitude $\phi$, et celui de la section faite par un plan normal perpendi-

culaire à celui du méridien ; le centre de courbure de cette dernière

section est placé sur l'axe (*)

---

(*) En général les rayons de plus grande et de plus petite courbure, pour
une surface quelconque, sont toujours, à un point donné, dans la ligne d'intersection de deux plans normaux perpendiculaires entre eux ; l'un de ces rayons,
sur les surfaces de révolution, appartient à la courbe génératrice, c'est le plus
grand dans les ellipsoïdes allongés, et le plus petit dans les ellipsoïdes applatis.

Si on prend sur une surface courbe quelconque, deux arcs élémentaires des
sections de plus grande et de plus petite courbure se coupant à leurs points mi-
lieux, c'est-à-dire au centre de l'élément de surface auquel ils appartiennent,
cet élément de surface peut être engendré de deux manières ( je crois que
Meunier est le premier qui en ait fait la remarque ) 1°. en faisant tourner l'arc
de plus grande courbure autour d'un axe parallèle à sa corde passant par le
centre de plus petite courbure, 2°. en faisant tourner l'arc de plus petite courbure autour d'un axe, parallèle à sa corde, passant par le centre de l'arc de
plus grande courbure.

On sait de plus que les normales, aux extrémités des arcs élémentaires de plus
grande et de plus petite courbure, sont, en même temps, perpendiculaires à la
surface courbe, propriété dont les autres arcs élémentaires ne jouissent pas en
général.

$$\tan BE = \frac{\cos AD \tan CD}{\cos AB}$$

$$\tan EF = \cos BE \tan AB$$

$$AB = AD + BD$$

$$\sqrt{rr'} = \frac{a\,(1-e^2)^{\frac{1}{2}}}{1-e^2\sin^2\varphi}$$



9 on a les équations

$$r = \frac{(1-e^2)\,a}{(1-e^2\sin.^2\phi)^{\frac{3}{2}}} = a\left\{1-\frac{\alpha}{2}\,(1+3\cos.2\,\phi)\right\}$$

*mètres.*

grade dont $r$ est le rayon $= 100000 - 450\,.\,\cos.2\,\phi$

$$r' = \frac{a}{(1-e^2\sin.^2\phi)^{\frac{1}{2}}} = a\left\{1+\frac{\alpha}{2}\,(1-\cos.2\,\phi)\right\} = a\left\{1+\alpha\sin.^2\phi\right\}$$

grade dont $r'$ est le rayon $= 100000^{m}\cdot+(2-\cos.2\,\phi)\,150^{m}\cdot$ les coéficients 150 et 450 ou $3\times150$ péchent par excès d'une fraction d'unité ce qui est sans conséquence; mais si on veut une rigoureuse exactitude, il faudra employer les valeurs $0,005.\,\pi\,a = 100149,^{m}\cdot87;0,005.\,\pi\,\alpha\,a = 299,^{m}\cdot849.$ (*) La même observation a lieu pour toutes les expressions où on trouvera le coéficient 150. On a négligé devant les deuxiemes valeurs de $r$ et $r'$ les termes multipliés par les $2^{eme}.$ $3^{eme}.$ etc. puissances de $\alpha$.

10 La longueur du rayon de courbure de la section normale qui fait l'angle $\varkappa$ avec la section de plus petite courbure, celle perpendiculaire au méridien est égale à

$$\frac{2\,r\,r'}{r+r'-(r'-r)\cos.2\,\varkappa}$$

valeur générale pour une surface courbe quelconque (*) et qui, sur le sphéroïde terrestre est équivalente à

$$a\left\{1-\frac{\alpha}{2}\,[2\cos.2\,\phi-(1+\cos.2\,\phi)\cos.2\,\varkappa]\right\}$$

et le grade décrit de ce rayon $=$

*mètres.*

$$100000 + \left\{1-2\cos.2\,\phi+(1+\cos.2\,\phi)\cos.2\,\varkappa\right\}150^{m}.$$

( 11 ) On a de plus $\dfrac{r'}{r} = 1+2\,\alpha\cos.^2\phi = 1+\left(\dfrac{e^2}{1-e^2}\right)\cos^2\phi$.

et le rapport entre $r'$ et le rayon d'une section oblique quelconque,

$$= 1+2\,\alpha\cos.^2\phi\sin.^2\varkappa.$$

---

(*) Voici une construction de cette expression, qui pourra intéresser quelques lecteurs. Tracez une ellipse dont le grand axe soit égal à $r+r'$ et dont le foyer se trouve à une distance $r$ du sommet; le rayon de courbure cherché, sera le rayon vecteur partant du foyer et faisant un angle $2\,\varkappa$ avec la portion $r'$ de l'axe.

(12) Les recherches qui vont suivre exigent que nous connaissions encore la relation générale entre l'arc $x$ du méridien elliptique et sa valeur angulaire. Cette relation se déduit de celle qu'on trouve, par l'intégration, entre la longueur d'un arc et la latitude de son point extrême, en prenant la différence entre deux arcs d'un même méridien ; dans le cas dont il s'agit ici, $K$ et $L$ sont les latitudes extrêmes, exprimées en grades, et $x$ la longueur en mètres de l'arc compris entre ces latitudes et on a, en négligeant les termes multipliés par $\alpha^2$, $\alpha^3$ etc. et désignant par $\pi$ la demi circonférence dont le rayon $= 1$

$$x = 100000^m. \left\{ \pm L \mp K - 300 \frac{\alpha}{\pi} \sin. (\pm L \mp K) \cos. (L + K) \right\}$$

Log. $300 \frac{\alpha}{\pi} = \bar{1}, 4562249$, la caractéristique seule et négative. Voyez pour les signes supérieurs et inférieurs, ce qui est dit, art. (3) et (5).

(13) On calculera ainsi très-aisément la distance $x$ lorsqu'on connaîtra la latitude $L$ et pour trouver $L$ lorsque $x$ sera donné, on calculera d'abord la quantité

$$K \pm \frac{x}{100000} = \theta \qquad \text{et on aura}$$

$$L = 300 \frac{\alpha}{\pi} \sin. (\pm \theta \mp K) \cos. (\theta + K) + \theta$$

Cette valeur pourra suffire ; mais, en la désignant par $\theta'$, on pourrait calculer encore une seconde valeur :

$$L = \frac{300 \, \alpha}{\pi} \sin. (\pm \theta' \mp K) \cos. (\theta' + K) + \theta$$

calcul me paraît peu nécessaire.

(14) Reprenons maintenant le problème résolu, art. (3) et (4), dans le cas de la sphère, afin d'en adapter la solution au cas du sphéroïde. Les distances $y$ et $x$ sont données et il s'agit d'en déduire la longitude $p$ et la latitude $\lambda$

$L$ se calculera d'abord par la formule de l'article précédent ; on cherchera ensuite la valeur angulaire $P$ de $y$ par la formule

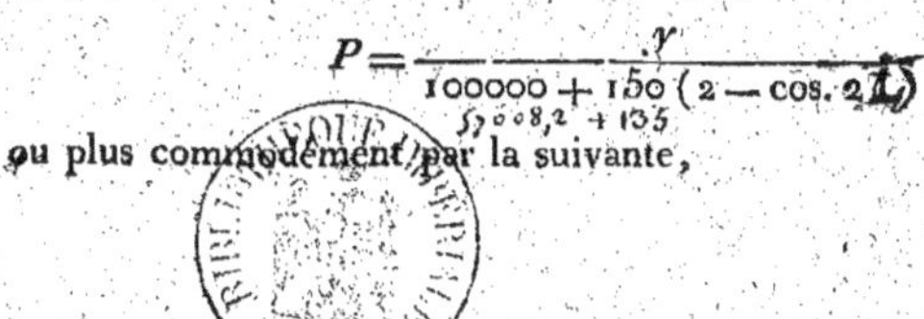

$$P = \frac{y}{100000 + 150 \, (2 - \cos. 2L)}$$

ou plus commodément par la suivante,

$$P = \frac{y}{100000} \left[ 1 - 0,0015 \, (2 - \cos. 2\,L) \right]$$

Je n'ai point employé de formule intégrale pour la détermination de $P$ comme pour celle de $L$ parce que l'origine de $P$ est au sommet du petit axe de la section elliptique perpendiculaire au méridien, et qu'à ce point on peut, pour les calculs dont il s'agit ici, considérer cet arc de perpendiculaire comme décrit par le rayon de courbure à son origine.

(15) Ces valeurs trouvées, on aura $\quad$ tang. $p = \dfrac{\text{tang. } P}{\cos. L}$

$$\sin. (L - \lambda) = \frac{r'}{r} \sin. L \sin. P \text{ tang. } \frac{p}{2}$$

ou en substituant la valeur de $\dfrac{r'}{r}$ art. (11)

$$\sin. (L - \lambda) = (1 + 2\,\alpha \cos.^2 L) \sin. L \sin. P \text{ tang. } \frac{p}{2}$$

formule qui ne donnera pas beaucoup plus de peine à calculer que celle de l'article (4)

(16) Si les données sont la latitude $\lambda$ et la longitude $p$ et qu'il faille en déduire les distances $x$ et $y$ on aura

$$\sin. P = \cos. \lambda \sin. p$$

et on connaîtra la quantité à ajouter à $\lambda$ pour avoir $L$ par l'équation

$$\sin. (L - \lambda) = (1 + 2\,\alpha \cos.^2 \lambda) \text{ tang. } P \sin. \lambda \text{ tang. } \frac{P}{2}$$

J'emploie ici le rayon de la perpendiculaire à la latitude $\lambda$ au méridien sur lequel se trouve le sommet $V$ de $y$, au lieu d'employer le rayon de la section oblique à ce méridien et perpendiculaire à celui de Paris où se trouve le pied de $y$; mais il n'y a aucun inconvénient à introduire, dans le calcul, la valeur du premier et à la considérer comme identique avec celle du second, vu la petitesse de l'angle que forment entr'eux les arcs auxquels ces rayons appartiennent, lorsque, comme dans les cas d'application dont il s'agit ici, $P$ est lui-même un petit arc.

C'est pour prouver cette assertion que j'ai donné art. (11) le rapport général $1 + 2\,\alpha \cos.^2 \phi \sin.^2 x$ entre les deux rayon dont il s'agit, rapport qui est sensiblement celui de l'égalité lorsque $x$ est un très-petit angle.

(17) Pour se rendre raison des procédés de calcul donnés, art. (15) et (16), il faut, pour l'article (15), imaginer que les déterminations ont lieu sur une sphère dont le rayon $= r$ dont le centre se trouve au point où $r$ rencontre l'axe de la terre, c'est-à-dire au centre de courbure de la perpendiculaire, cet axe étant, dans cette sphère comme dans le sphéroïde, la ligne commune d'intersection de tous les méridiens.

Il est évident que le pied de la perpendiculaire $y$ sera à la même latitude, dans la sphère hypothétique et dans le sphéroïde et que la longueur absolue et la valeur angulaire de cette même perpendiculaire $y$, ainsi que l'angle que font entre eux les plans des deux méridiens qui passent par ses extrémités, seront encore les mêmes sur la sphère et le sphéroïde; l'angle que font entre eux les plans de ces méridiens extrêmes, c'est-à-dire la longitude $p$, pourra donc se calculer par les formules de trigonométrie sphérique ordinaire.

Si ensuite, après avoir calculé pour cette sphère l'angle $L - \lambda$ par la formule de l'article (4), on prend sur son méridien, à partir du pied de $y$, où elle est tangente au sphéroïde, un arc qui ait pour valeur angulaire $L - \lambda$, le point extrême de cet arc pourra encore, vu la petitesse de $L - \lambda$, être considéré comme appartenant à la sphère et au sphéroïde; mais cet arc commun qui a pour valeur angulaire $L - \lambda$ tel qu'il serait déduit de la formule de l'article (4), lorsqu'on le rapporte au centre de la sphère hypothétique, a une valeur angulaire un peu plus grande lorsqu'on le rapporte au centre de courbure du méridien, et comme c'est cette dernière valeur qu'on cherche, il faut y ramener la première en la multipliant par le rapport $\dfrac{r'}{r}$ ainsi qu'on l'a fait, art. (15).

Dans le cas de l'art. (16) on prend pour sphère hypothétique celle qui aurait pour rayon le rayon de courbure de la section perpendiculaire au méridien qui passe par le sommet $V$ de $y$ (substitué à celui de la section oblique, voyez l'article cité) et cette sphère offre les mêmes propriétés et conduit aux mêmes résultats que la précédente.

## § I I I.

Recherche de la position du centre et du rayon de la sphère dont la surface s'approche le plus de coïncider avec celle du sphéroïde terrestre, dans des limites données.

(18) Les diverses projections employées pour la construction des cartes

géographiques sont fondées sur l'hypothèse de la sphéricité de la terre , et on est souvent embarrassé dans l'usage de ces cartes, même de celles faites avec soin , par l'ignorance où on se trouve de la valeur précise assignée par leurs auteurs au degré terrestre; cet inconvénient a surtout lieu pour les ouvrages antérieurs au commencement du $18^{eme}$ siècle. Il serait à désirer que chaque carte portât l'indication de la valeur du degré d'après lequel elle est construite , et du système de projection auquel elle est assujetie. La première de ces indications sera surtout jugée nécessaire , si l'on réfléchit que les diverses parties de la surface de la terre ayant des courbures différentes il faut, pour la description de chacune d'elles, employer la sphère qui s'adapte le mieux à sa courbure particulière , et je vais m'occuper de la détermination générale du rayon et du degré de cette sphère, en faveur des géographes qui veulent mettre de l'exactitude dans leurs opérations.

(19) En général le rayon de la sphère cherchée, dont je désignerai la longueur par $\rho$ , doit être dans la direction de la normale passant par le centre de figure du pays dont on veut faire la carte ; ce centre de figure sera un point commun à la surface du sphéroïde et à celle de la sphère , et le plan du méridien elliptique, passant par ce point, déterminera, par son intersection avec la surface de la sphère, un méridien correspondant.

20. Supposons d'abord que le périmètre du pays est à-peu-près circulaire, le centre de la sphère cherchée se trouvera parconséquent sur la normale à la surface du sphéroïde passant par le centre du périmètre pris sur la même surface; et il ne s'agit que de trouver la longueur $\rho$ du rayon.

$\phi$ étant la latitude du point central dont je viens de parler, on a art. (9) et (10), les valeurs des rayons de courbure de toutes les sections normales passant par ce point; la question est de substituer à tous ces rayons, un rayon *moyen* qui donne la plus petite erreur *moyenne*.

On y parviendra en prenant l'expression générale de l'article (10).

$$\frac{2\,r\,r'}{r+r'-(r-r)\cos.\,2\,\chi}$$ multipliant cette expression par la différentielle $d\chi$ , prenant l'intégrale du produit, depuis $\chi=0$ jusqu'à $\chi=2\pi$ ( $\pi$ est toujours la demi circonférence dont le rayon $=1$ ) et divisant cette intégrale définie par $2\pi$ , le résultat doit donner la vraie valeur moyenne entre celles des rayons de courbure de toutes les sections normales faite au centre du périmètre circulaire.

Effectuant l'intégration on trouve pour valeur indéfinie, qui s'évanouit lorsque $\chi = 0$,

$$\int \frac{2\,rr'\,d\chi}{r+r'-(r'-r)\cos. 2\,\chi} = (rr')^{\frac{1}{2}} \text{ arc}\left[\text{tang.} = \left(\frac{r'}{r}\right)^{\frac{1}{2}} \text{tang.}\,\chi\right]$$

il ne s'agit plus que de faire, dans cette valeur $\chi = 2\,\pi$ ce qui donne

$$\text{tang.}\,\chi = 0,\ \text{et, arc.}\left[\text{tang.} = \left(\frac{r'}{r}\right)^{\frac{1}{2}} \text{tang.}\,\chi\right] = 2\,\pi$$

substituant cette valeur et divisant par $2\,\pi$ on trouve, pour le rayon moyen cherché, la valeur très-simple $\sqrt{rr'}$, ainsi le rayon cherché est moyen géométrique entre ceux de plus grande et de plus petite courbure.

On serait parvenu au même résultat en cherchant le rayon qui donne les moindres erreurs sur les arcs de méridienne et de perpendiculaire qui se croisent au point central, et dont les rayons de courbure sont $r$ et $r'$; c'est sur ces arcs que les plus grandes anomalies ont lieu avec des signes différents sur l'un et sur l'autre. En effet, $\rho$ étant le rayon cherché, soient $\frac{\rho}{r} = 1 + \omega$ et $\frac{r'}{\rho} = 1 + \omega'$ les erreurs sur la méridienne et la perpendiculaire seront dues respectivement à $\omega$ et à $\omega'$; la somme numérique de ces erreurs sera $\omega + \omega' = \frac{\rho}{r} + \frac{r'}{\rho} - 2$ et la valeur de $\rho$ qui rend cette somme un minimum est $\rho = \sqrt{rr'}$ comme précédemment.

(21) Enfin ce même résultat se trouve encore en égalant entr'elles les erreurs maxima $\omega$ et $\omega'$ dont, ainsi que je l'ai observé, l'une est positive et l'autre est négative; faisant, en effet, $\omega = \omega'$ ou $\frac{\rho}{r} - 1 = \frac{r'}{\rho} - 1$, on trouve $\rho = \sqrt{rr'}$. Ainsi, dans le cas particulier que je traite, le minimum de la somme des erreurs, sans égard au signe, comporte l'égalité entre la somme des erreurs positives et celle des erreurs négatives.

(22). La même égalité a lieu entre plusieurs autres quantité qui dépendent des précédentes; si par exemple on calcule la surface du secteur du grand cercle de la sphère substituée à l'ellipsoïde dans le sens du méridien et dans le sens de la perpendiculaire qui se croisent au point central, on trouvera que l'aire peche autant par excès dans un sens, que par défaut dans l'autre. L'espace compris, entre la surface de l'ellipsoïde et celle de la sphère, dans les limites du périmètre donné, est composé de quatre parties dont deux extérieures à l'ellipsoïde et deux intérieures ; la somme des premières est égale à la somme des dernières, bien entendu que toutes ces égalités ont lieu en négligeant les quantités d'un certain ordre.

(23). Les quatre espaces dont je viens de parler sont des espèces d'onglets triangulaires dont les sommets aboutissent au centre du périmètre ; les arcs qui les séparent sont communs à la sphère et à l'ellipsoïde, et font avec la perpendiculaire au méridien central des angles donnés par l'équation,

$$V \overline{rr'} = \frac{2rr'}{r+r'-(r'-r)\cos. 2\chi}$$

d'où on déduit

$$\cos. 2\chi = \frac{r+r'-2V\overline{rr'}}{r'-r} = \frac{\sqrt{r'}-\sqrt{r}}{\sqrt{r'}+\sqrt{r}}$$

(24). On trouvera, par les valeurs données article (9),

$$r'+r = 2a(1-\alpha\cos. 2\phi) ; \quad rr' = a^2(1-2\alpha\cos. 2\phi),$$

d'où $V\overline{rr'} = a V\overline{(1-2\alpha\cos. 2\phi)} = a(1-\alpha\cos. 2\phi)$ en négligeant les termes multipliés par $\alpha^2$, $\alpha^3$, etc. ; il suit de là que $r+r' = 2V\overline{rr'}$ et que l'équation de l'article précédent se réduit à cos. $2\chi = 0$, d'où il suit que $\chi$ est un demi angle droit, et que les arcs d'intersections communs à la surface de la sphère et à celle du sphéroïde, sont deux grands cercles de la sphère qui se coupent à angles droits.

(25). De plus cette valeur $V\overline{rr'} = \frac{1}{2}(r+r')$ fait voir que le rayon $\rho$ est moyen arithmétique entre $r$ et $r'$, et ce résultat qui semble contredire celui précédemment obtenu, tient à ce que la différence de $r$ à $r'$ étant très-petite par rapport à ces quantités, la moyenne arithmétique et la moyenne géométrique entr'elles peuvent être prises l'une pour l'autre.

(26). J'ajouterai que cette valeur de $\rho = \frac{1}{2}(r+r')$ satisfait à la condition du minimum de la somme des quarrés des erreurs dont je vais bientôt faire usage.

(27). Prenons maintenant, sur la surface du sphéroïde, un périmètre quelconque ; la détermination du centre de figure n'ayant pas besoin d'être faite avec une extrême rigueur, on se servira, pour cette opération, des cartes géographiques ordinaires, et traçant un polygone qui embrasse le périmètre donné, avec les moindres écarts possibles, le centre de gravité de la surface de ce polygone, déterminé par les méthodes connues, sera le centre cherché.

$$r = \sqrt{(rr')} = a\,\frac{(1-e^2)}{(1-e^2\sin^2\phi)^{\frac{3}{2}}} = \frac{a(1-e^2)^{\frac{1}{2}}}{(1-e^2\sin^2\phi)} \qquad \text{d'où } \sin^2\phi = 1$$



( 15 )

(28). Imaginons une infinité de sections normales faites par ce centre de figure; $A$ étant un arc donné sur le sphéroïde par une de ces sections, compris entre le centre de figure et le périmètre, et faisant un angle $\chi$ avec la perpendiculaire au méridien central, le rayon moyen analogue à celui déterminé (art. 20), aura pour valeur $\int \dfrac{2\,A\,r\,r'\,d\chi}{r'+r-(r'-r)\cos 2\chi}$, en prenant l'intégrale dans les mêmes limites qu'à l'article cité.

(29). Cette valeur ne peut s'obtenir que lorsque $A$ est fonction de $\chi$, ce qui n'a pas lieu en général; voici comment on y suppléera dans la pratique.

Désignons par $A_{\prime}, A_{\prime\prime}, A_{\prime\prime\prime}$, etc., les longueurs des arcs produits à la surface du sphéroïde par des sections de plans normaux faites au centre de figure, longueurs comprises entre ce centre et les angles du polygone qui approche le plus du périmètre donné, et qu'il suffira de mesurer sur une carte; désignant encore par $r_{\prime}, r_{\prime\prime}, r_{\prime\prime\prime}$, etc., les rayons de courbure de ces sections qui se déduisent (art. 10) de la latitude $\phi$ du point central et des angles $\chi$ que ces sections forment avec la perpendiculaire au méridien central, angles mesurés simplement sur la carte, on aura,

$$\rho = \frac{A_{\prime} r_{\prime} + A_{\prime\prime} r_{\prime\prime} + A_{\prime\prime\prime} r_{\prime\prime\prime} + \text{etc.}}{A_{\prime} + A_{\prime\prime} + A_{\prime\prime\prime} + \text{etc.}}$$

équation qui exprime l'égalité à zéro de $\dfrac{A_{\prime}(\rho-r_{\prime})}{C} + \dfrac{A_{\prime\prime}(\rho-r_{\prime\prime})}{C} + \text{etc.}$

ou de la différentielle de $\dfrac{A_{\prime}(\rho-r_{\prime})^2}{C} + \dfrac{A_{\prime\prime}(\rho-r_{\prime\prime})^2}{C} + \text{etc.}$, $C$ étant une constante et $\rho$ la variable.

(30). Il faut observer que le rayon de l'équateur est facteur commun de tous les termes du numérateur et pour avoir à ce numérateur des nombres aisés à calculer, on fera

$$\cos 2\phi - (\cos\phi)^2 \cos 2\chi_{\prime} = n$$
$$\cos 2\phi - (\cos\phi)^2 \cos 2\chi_{\prime\prime} = n_{\prime}$$
$$\cos 2\phi - (\cos\phi)^2 \cos 2\chi_{\prime\prime\prime} = n_{\prime\prime}$$
$$\text{etc.} :$$

$\chi_{\prime}, \chi_{\prime\prime}, \chi_{\prime\prime\prime}$, etc. étant les angles formés par les arcs nos. 1, 2, etc. et par la perpendiculaire au méridien central on fera de plus

$$\sqrt{rr'} = a\,\frac{(1-c^4)^{\frac{1}{2}}}{1+c^2\cos 2\varphi} \quad \ldots \quad \partial\varphi\sqrt{rr'} = \tfrac{1}{2}a(1-c^4)^{\frac{1}{2}}\frac{2\,\partial\varphi}{1+c^2\cos 2\varphi}$$

$$\text{sous } t = \frac{(1-c^4)^{\frac{1}{2}}\sin 2\varphi}{c^2+\cos 2\varphi} \ldots \text{ on aura } \int \partial\varphi\sqrt{rr'} = \tfrac{1}{2}a\times \text{angle tangente } t.$$

$$= \tfrac{1}{2}a\pi \text{ depuis } \varphi = 0 \text{ jusqu'à } \varphi = 9^{\circ} \;(16)\; \ldots \text{ divisant par } \tfrac{1}{2}\pi \text{ on a}$$

$$\int_2 \frac{\sqrt{rr'}\cdot\partial\varphi}{\pi} = a \qquad\qquad \frac{A_{\prime\prime}}{A_{\prime}} = m_{\prime}\,;\quad \frac{A_{\prime\prime\prime}}{A_{\prime}} = m_{\prime\prime}\,;\quad \text{etc.}$$

et on aura $\quad \dfrac{\varrho}{a} = 1 - \dfrac{a\,(n+m_{\prime}\,n_{\prime}+m_{\prime\prime}\,n_{\prime\prime}+\text{etc.})}{1+m_{\prime}+m_{\prime\prime}+\text{etc.}}$

(31). La valeur du grade, sur la sphère qui a $\varrho$ pour rayon, sera

$$= 100000^{\text{mt.}} + \Big[\,1 - \frac{2\,(n+m_{\prime}\,n_{\prime}+\text{etc.})}{1+m_{\prime}+\text{etc.}}\,\Big]\,150^{\text{mt.}}$$

(32). Cette détermination remplit l'objet proposé d'une manière très-satisfaisante, et on peut l'employer avec confiance; on voit que chaque rayon $r_{\prime}\,,\,r_{\prime\prime}\,$, etc. influe d'autant plus sur la valeur de $\varrho$ que l'arc qui lui correspond est plus grand, ce qui est la condition la plus importante à remplir; mais pour ne rien laisser à desirer sur ce point de recherche important et curieux, je vais en faire un examen encore plus approfondi. $\varrho$ étant le rayon qu'on veut substituer à chacun des rayons $r_{\prime}\,,\,r_{\prime\prime}\,$, etc. sur des longueurs d'arcs $A_{\prime}\,,\,A_{\prime\prime}\,$, etc. les erreurs essentielles à considérer sont celles sur les valeurs angulaires, or $R$ étant l'un quelconque des rayons $r_{\prime}\,,\,r_{\prime\prime}\,$, etc. et $A$ l'arc qui lui correspond, l'erreur sur la valeur angulaire de cet arc, sera

$$\frac{A}{\varrho} - \frac{A}{R} = A\left(\frac{R-\varrho}{R\varrho}\right)$$

Cette expression ne diffère de $\dfrac{A}{RR}(R-\varrho)$ que par des termes de

l'ordre $(R-\varrho)^2$ et des ordres supérieurs et comme $R-\varrho$ doit toujours être plus petit que l'excès $a-b$ du rayon de l'équateur sur le demi axe, les termes dont il s'agit pourront être négligés comme ceux de l'ordre $a^2$ et des ordres supérieurs.

D'après cela les erreurs angulaires seront $\dfrac{A_{\prime}}{r_{\prime}r_{\prime}}(r_{\prime}-\varrho)\,,\ \dfrac{A_{\prime\prime}}{r_{\prime\prime}r_{\prime\prime}}(r_{\prime\prime}-\varrho)$

etc. ou, en ayant égard à l'ordre des quantités qui constituent les différences entre les quarrés $r_{\prime}r_{\prime}\,,\,r_{\prime\prime}r_{\prime\prime}$ etc. Ces erreurs angula res seront

$\dfrac{A_{\prime}}{R^2}(r_{\prime}-\varrho)\,,\ \dfrac{A_{\prime\prime}}{R^2}(r_{\prime\prime}-\varrho)$ etc. $R$ étant l'un quelconque à volonté

des rayons $r_{\prime}\,,\,r_{\prime\prime}$ etc., or l'équation de l'article (29), exprime que

$$\text{à l'Équateur } \sqrt{rr'} = a(1-e^2)^{\frac{1}{2}} = b = p$$

$$\text{au Pôle } \sqrt{rr'} = \frac{a}{(1-e^2)^{\frac{1}{2}}} = \frac{a^2}{b} = q$$

$$\sqrt{pq} = a \ldots$$

$$\text{sous la latitude dont le quarré de la tangente} = \frac{a}{b} \ldots \sqrt{rr'} = a$$

$$d\left[\frac{A_{,}(r_{,}-\rho)^2 + A_{,,}(r_{,,}-\rho)^2 + \text{etc.}}{R^2}\right] = 0,$$ et si, conformément à la méthode inventée et employée avec succès par M. Legendre, on veut que la somme des quarrés des erreurs soit un minimum, il faudra poser l'équation,

$$d\left[\frac{A_{,}^2(r_{,}-\rho)^2 + A_{,,}^2(r_{,,}-\rho)^2 + \text{etc.}}{R4}\right] = 0$$

de laquelle on déduira en conservant les mêmes dénominations qu'à l'article (30).

$$\frac{\rho}{a} = 1 - \frac{a\,(n + m_{,}^2\,n_{,} + m_{,,}^2\,n_{,,} + \text{etc.})}{1 + m_{,}^2 + m_{,,}^2 + \text{etc.}}$$

(33). La valeur du grade sur la sphère qui aurait ce nouveau rayon serait,

$$100000^{\mathrm{m}}. + \left(1 - \frac{2\,(n + m_{,}^2\,n_{,} + m_{,,}^2\,n_{,,} + \text{etc.})}{1 + m_{,}^2 + m_{,,}^2 + \text{etc.}}\right)\,150^{\mathrm{m}}.$$

(34). Cette dernière détermination est préférable à celle de l'article (31). J'observerai, au reste que la valeur de $\rho$ qui satisfait ici à la condition d'avoir les moindres erreurs angulaires à la surface serait susceptible d'être encore modifiée si on voulait remplir d'autres conditions; s'il s'agissait, par exemple, d'avoir une sphère sur laquelle la dépression du niveau vrai, au dessous du niveau apparent, différât le moins possible de la vraie dépression sur le sphéroïde. Dans ce cas, les erreurs sur les arcs $A_{,}$, $A_{,,}$; etc., seraient proportionnelles à $A_{,}^2\,(r_{,}-\rho)$, $A_{,,}^2\,(r_{,,}-\rho)$ etc. et faisant la somme des quarrés de ces erreurs, égale à un minimum, on trouverait,

$$\frac{\rho}{a} = 1 - \frac{a\,(n + n_{,}\,m_{,}^4 + n_{,,}'\,m_{,,}^4 + \text{etc.})}{1 + m_{,}^4 + m_{,,}^4 + \text{etc.}}$$

(35). et le grade déduit de ce rayon, sera

$$= 100000^{\mathrm{m}}. + \left[1 + \frac{2\,(n + n_{,}\,m_{,}^4 + n_{,,}\,m_{,,}^4 + \text{etc.})}{1 + m_{,}^4 + m_{,,}^4 + \text{etc.}}\right]\,150^{\mathrm{m}}.$$

Dans les cas ordinaires d'application, les différences entre les diverses valeurs du grade, déduit de cette formule ou de celles des articles (31) et (33), seront toujours peu considérables.

(36). Il ne faut pas perdre de vue que toute la théorie, exposée dans ce mémoire, suppose que les arcs correspondants aux rayons osculateurs, ont une valeur angulaire assez petite pour pouvoir être sensés décrits par ces rayons sans erreur sensible, et pour le cas traité dans ce 3ᵉᵐᵉ. paragraphe, on pourra lorsque $A_{,}$, $A_{,,}$ etc. excéderont 4 ou 5 grades, faire $r_{,}$, $r_{,,}$ etc. égaux aux rayons osculateurs de ces arcs pris dans le milieu de leur longueurs.

Dans le Systême Sexagésimal on a:

$$x = 57008,2 \left[ \pm (L-K) - 270 \frac{\alpha}{\pi} Sin\left( \pm (L-K) \right) cos(L+K) \right]$$

$$Log.\ 270 \frac{\alpha}{\pi} = 9.4091721.$$

$$\theta = K \pm \frac{x}{57008,2}.$$

$$L = \theta + 270 \frac{\alpha}{\pi} Sin\left( \pm (\theta-K) \right) cos(\theta+K).$$

$$P = \frac{y}{57008,2 + 135(2 - cos 2L)}$$

$$\frac{r'}{r} = 1 + \left( \frac{e^2}{1-e^2} \right) cos^2 L = 1 + 900,59943\ cos^2 L.$$

$$Log\left( \frac{e^2}{1-e^2} \right) = 7.7777369.$$

www.ingramcontent.com/pod-product-compliance
Lightning Source LLC
LaVergne TN
LVHW010208060726
842524LV00005B/2071